Nazim Uddin Mondal

Agricultura de conservação - a chave para um crescimento agrícola sustentável

Nazim Uddin Mondal

Agricultura de conservação - a chave para um crescimento agrícola sustentável

ScienciaScripts

Imprint

Any brand names and product names mentioned in this book are subject to trademark, brand or patent protection and are trademarks or registered trademarks of their respective holders. The use of brand names, product names, common names, trade names, product descriptions etc. even without a particular marking in this work is in no way to be construed to mean that such names may be regarded as unrestricted in respect of trademark and brand protection legislation and could thus be used by anyone.

Cover image: www.ingimage.com

This book is a translation from the original published under ISBN 978-3-330-34706-9.

Publisher:
Sciencia Scripts
is a trademark of
Dodo Books Indian Ocean Ltd. and OmniScriptum S.R.L publishing group

120 High Road, East Finchley, London, N2 9ED, United Kingdom
Str. Armeneasca 28/1, office 1, Chisinau MD-2012, Republic of Moldova, Europe
Printed at: see last page
ISBN: 978-620-7-73327-9

Tabela de Contém

Sobre o autor

Md. Nazim Uddin Mondal, antigo membro da função pública do Bangladesh (Agricultura) e cientista associado do Instituto Internacional de Investigação do Arroz (IRRI), é autor de "Conservation Agriculture - the key to sustainable agricultural growth" (Agricultura de conservação - a chave para um crescimento agrícola sustentável), com base nas suas experiências de trabalho de extensão agrícola e de experiências no terreno para transferir tecnologias para os agricultores do Bangladesh. Estudou ciências agrícolas no país e no estrangeiro e trabalhou para o Departamento de Extensão Agrícola (DAE) durante 32 anos, tendo passado para o IRRI, onde trabalhou durante mais de 3 anos.

O Sr. Mondal concluiu o seu Mestrado em Ciências da opção de desenvolvimento de culturas agrícolas tropicais na Universidade de Reading, no Reino Unido, em 1995. Trabalhou a nível de Upozilla como responsável pela agricultura de 5 Upozilla e como responsável a nível distrital em 5 distritos do Bangladesh. Reformou-se voluntariamente como Diretor Adjunto de Extensão Agrícola e juntou-se ao IRRI para o projeto CSISA em 2009 como Cientista Associado de Agronomia de Extensão. Participou em programas de formação, workshops e seminários no Reino Unido, China, Índia e Nepal. A participação numa longa formação sobre "Agricultura de Conservação" (CA) na Universidade de Punjab, organizada pelo CIMMYT, Índia, e o trabalho de longa data em práticas de CA como componente do projeto CSISA ajudaram-no a escrever este livro para sustentar o crescimento agrícola.

O autor publicou muitos artigos no país e no estrangeiro em meios de comunicação impressos (jornais, revistas científicas, etc.) sobre questões relacionadas com as novas tecnologias e o desenvolvimento da agricultura. Atualmente, o autor tem carregado artigos sobre diferentes questões e tecnologias actuais de desenvolvimento agrícola no ResearchGet net, Academia-edu, LinkedIn e SlideShare net. Etc. redes sociais populares. O Sr. Mondal foi inspirado pelo

Sr. Matiss Lizbovskis, Editor de Aquisições da LAP LAMBERT Academic Publishing, para escrever o presente livro, uma vez que um artigo que foi carregado no SlideShare net. sobre Agricultura de Conservação também o Bangladesh precisa de um livro sobre o tema.

Resumo

Este livro centra-se na Agricultura de Conservação (AC) como prática de produção de culturas respeitadora do ambiente e poupadora de recursos. Inclui a perturbação mínima do solo, a cobertura permanente do solo e a rotação de culturas, destacando o Bangladesh. Os relatórios mostram que a adoção global da AC é de cerca de 116921 milhões de hectares em 2010, o que representa 8,5% do total das terras aráveis. Nas planícies indo-gangéticas, a adoção foi de 1,9 milhões de hectares em 2005. Contudo, os dados sobre a adoção da AC no Bangladesh são escassos. Algumas organizações financiadas por doadores têm trabalhado basicamente na investigação para a adoão da AC. Possivelmente, o trabalho de AC começou no Bangladesh em nome da Tecnologia de Conservação de Recursos (Resource Conserving Technology RCT) com semeadores chineses importados para a sementeira de trigo. Os conhecimentos sobre a AC, a disponibilidade de equipamento adequado e de herbicidas são os principais obstáculos à adoção da AC no Bangladesh. A ACIAR-iDE, a CSISA-MI e a CIMMYT estão a trabalhar com máquinas recentemente desenvolvidas pela CIMMYT para a expansão da AC. O CSISA, um projeto financiado pelo BMGF e pelo USAID, implementado pelo IRRI e pelo CIMMYT, tem trabalhado para promover as tecnologias de AC na região central, na região norte e no sul do Bangladesh. Os benefícios estão a ser apontados juntamente com as práticas de AC no livro para sensibilização e motivação da população do Bangladesh. As actividades de diferentes organizações para introduzir práticas de plantio direto ou plantio direto, plantio em faixas, plantio em canteiros, retenção de resíduos e rotação de culturas nos campos dos agricultores no Bangladesh são discutidas para melhorar a adaptação da AC. Foi também apresentada uma breve descrição de algumas das principais máquinas de AC. As razões para a fraca adoção das tecnologias de AC são descritas juntamente com algumas recomendações para as ultrapassar. O livro insiste na elaboração de políticas e legislações governamentais e no apoio institucional à adoção da AC para o crescimento sustentável da agricultura no Bangladesh.

Palavras-chave: Agricultura de Conservação, tecnologia de conservação de recursos, semeador chinês, máquinas de CA, adoção, plantio direto, rotação de culturas, sensibilização, motivação, crescimento sustentável.

1. Introdução

O Bangladeche é um modelo a seguir pelas Nações Unidas pelo seu excelente desempenho em matéria de desenvolvimento dos países em desenvolvimento (Rebecca, 2010, Haoliang, 2014). O valor acrescentado agrícola (crescimento anual em %) no Bangladeche foi medido pela última vez em 3,11 de 6,32 do crescimento total em 2012 (Banco Mundial 2012). A economia rural constitui uma componente significativa do PIB nacional, com a agricultura (incluindo culturas, pecuária, pesca e silvicultura) a representar 21% e o sector não agrícola, que também é impulsionado principalmente pela agricultura, a representar outros 33% (Banco Mundial 2011). Por conseguinte, já se colocou a questão da sustentabilidade do crescimento do sector agrícola, com a perda de 1% das terras aráveis por ano (Mahbub 2003) e a degradação contínua da fertilidade dos solos (Karim e Iqbal 2000). A campanha contra a degradação ambiental em diferentes sectores, em especial no sector do vestuário pronto a vestir (RMG), é muito forte no Bangladesh. No entanto, a falta de conhecimentos adequados sobre a agricultura de conservação CA entre a população evita a questão da degradação dos solos. Este documento inclui uma iniciativa destinada a fornecer conhecimentos básicos sobre a AC para sensibilizar a população do Bangladesh. São discutidos os progressos da agricultura de conservação a nível mundial e nas planícies do Indo-Gangético para comparar a situação atual do Bangladesh. Os benefícios delineados pela FAO e outras organizações também são mencionados. O documento também focou o progresso das actividades de AC conduzidas por diferentes organizações no Bangladesh. Os possíveis constrangimentos são descritos juntamente com recomendações no contexto do Bangladesh para a adoção da AC. Este documento sublinhou a intervenção do governo para a adoção da AC através de políticas, legislação e apoio institucional para sustentar o atual crescimento da agricultura.

2. Definição

A agricultura de conservação [AC] pode ser definida por uma declaração da Organização das Nações Unidas para a Alimentação e a Agricultura (FAO)

como "um conceito de produção agrícola que poupa recursos e que se esforça por obter lucros aceitáveis e níveis de produção elevados e sustentados, conservando simultaneamente o ambiente" (FAO 2007)

3. O que é a Agricultura de Conservação?

A Agricultura de Conservação (AC) é uma abordagem à gestão de agro-ecossistemas para uma produtividade melhorada e sustentada, maiores lucros e segurança alimentar, preservando e melhorando simultaneamente a base de recursos e o ambiente. A AC é caracterizada por três princípios interligados, nomeadamente

1. **Perturbação mecânica mínima contínua do solo:** A perturbação mínima do solo refere-se ao plantio direto de baixa perturbação e à semeadura direta. A área perturbada deve ter menos de 15 cm de largura ou menos de 25% da área cultivada (o que for menor). Não deve haver lavoura periódica que perturbe uma área maior do que os limites acima mencionados. A lavoura em faixas é permitida se a área perturbada for inferior aos limites estabelecidos. Minimizar a perturbação do solo através da lavoura e, por conseguinte, semear diretamente em solo não lavrado, eliminar completamente a lavoura quando o solo tiver sido colocado em boas condições e manter a perturbação do solo causada pelas operações culturais no mínimo possível;

2. **Cobertura orgânica permanente do solo:** São distinguidas três categorias: 30-60%, >60-90% e >90% de cobertura do solo, medida imediatamente após a operação de sementeira direta. (A área com menos de 30% de cobertura não é considerada como CA.) Manter uma cobertura de matéria orgânica durante todo o ano sobre o solo, incluindo culturas de cobertura e culturas intercalares especialmente introduzidas e/ou a cobertura morta fornecida pelos resíduos retidos da cultura anterior;

3. **Diversificação das espécies vegetais cultivadas em sequências e/ou associações:** A rotação/associação deve envolver pelo menos três culturas diferentes. No entanto, o cultivo repetitivo de trigo ou milho não é um fator de exclusão para efeitos desta

recolha de dados, mas a rotação/associação é registada quando praticada. Diversificar as rotações, sequências e associações de culturas, adaptadas às condições ambientais locais, e incluir leguminosas fixadoras de azoto adequadas; essas rotações contribuem para manter a biodiversidade acima e no solo, contribuem com azoto para o sistema solo/planta e ajudam a evitar a acumulação de populações de pragas.

Para compreender melhor a questão, apresenta-se de seguida um diagrama simples de Derpsch, 2001.

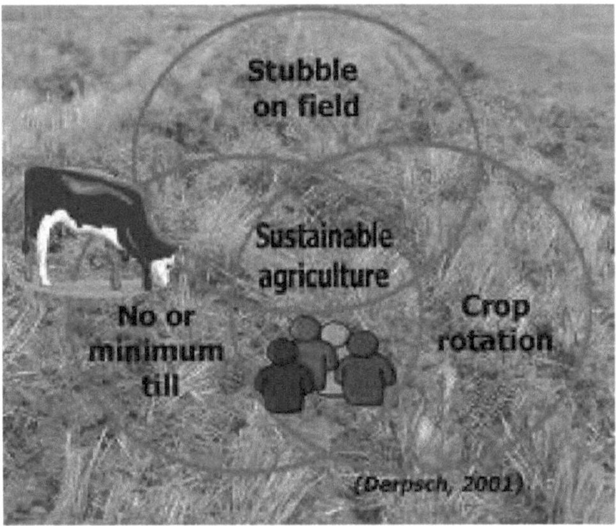

Fig: 1. Conceito de prática agrícola baseada em AC
O diagrama mostra que os resíduos das culturas são deixados no campo, sendo parcialmente consumidos pelo gado doméstico e proporcionando cobertura do solo e matéria orgânica ao solo. A operação de lavoura nula ou mínima, juntamente com a prática de rotação de culturas, contribuirá para uma agricultura sustentável.

4. Panorama global da difusão da Agricultura de Conservação

A evidência empírica global mostra que a transformação dos sistemas de produção agrícola liderada pelos agricultores, baseada na Agricultura de Conservação (AC), já está a ocorrer e a ganhar força a nível global como um novo paradigma para o século XXI. Os dados apresentados neste documento, baseados principalmente em estimativas feitas por organizações de agricultores, agroindústria e indivíduos bem informados, mostram uma visão geral da adoção da AC por país, bem como a extensão da adoção da AC por continente (Quadro 1).

Quadro 1: Área sob AC por continente

Continente	Área ('000 ha)	Percentagem do total mundial	Percentagem de terras aráveis
América do Sul	55,630	47.6	57.5
América do Norte	39,981	34.1	15.4
Austrália e Nova Zelândia	17,162	14.7	69.0
Ásia	2630	2.2	0.5
Europa	1150	1.0	0.4
África	368	0.3	0.1
Total global	116921	100	8.5

FAO AQUASTAT, 2009; http://www.fao.org/ag/caFAO STAT, 2009

A AC, que inclui uma perturbação mecânica mínima do solo, cobertura vegetal orgânica e diversificação das espécies de culturas, é atualmente praticada a nível mundial em cerca de 117 milhões de hectares em todos os continentes e em todas as ecologias agrícolas, incluindo nos vários ambientes temperados. (Kassam et al 2010).

Enquanto em 1973/74 o sistema era utilizado apenas em 2,8 milhões de hectares em todo o mundo, em 1999 a área tinha aumentado para 45 milhões de hectares e em 2003 a área tinha aumentado para 72 milhões de hectares. Nos últimos 11 anos, o sistema de AC expandiu-se a uma taxa média de mais de 6 milhões de hectares por ano, demonstrando o interesse crescente dos agricultores por esta tecnologia, principalmente na América do Norte e do Sul, na Austrália e na Nova Zelândia e, mais recentemente, na Ásia, onde se espera um grande aumento da adoção da AC.

5. Expansão da AC nas Planícies Indo-Gangéticas

As Planícies Indo-Gangéticas incluem quatro países do Sul da Ásia: Índia, Paquistão, Nepal e Bangladesh. Em 2005, foram registados cerca de 1,9 milhões de hectares sob plantio direto nesta região (Rolf et al). Como se descobriu mais tarde, isto refere-se apenas à cultura do trigo num sistema de dupla cultura com arroz. Para o arroz, praticamente todos os agricultores lavram a terra ou utilizam práticas de lavoura intensiva. Uma vez que, na nossa opinião, não se pode chamar a isto plantio direto, não o incluímos na nossa visão geral. De acordo com Raj Gupta (comunicação pessoal, 2008), a área de trigo de plantio direto nessa região aumentou para cerca de 5 milhões de hectares, com ainda muito poucos agricultores praticando sistemas permanentes de plantio direto.

Fig: 2 Área plantada com o semeador de plantio direto nas Planícies Indo-Gangíticas (RWC)

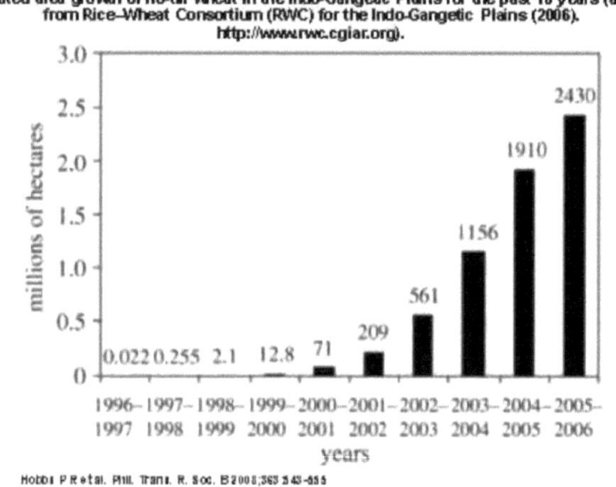

Expansão do plantio direto: Com a chegada do milénio em 2000, a adoção do plantio direto do trigo começou a acelerar (Fig. 2). Até 2006-07, a área de plantio direto aumentou para cerca de 3 milhões de hectares (RWC), o que foi possível graças à disponibilidade de implementos de alta qualidade a preços razoáveis no sector privado e ao apoio técnico dos serviços de extensão e de fundos externos. (Harrington e Hobbs 2009)

6. Situação da adoção da AC no Bangladesh

No entanto, a agricultura de conservação, um termo introduzido na década de 1970, foi adoptada pela Organização das Nações Unidas para a Alimentação e a Agricultura (FAO) em Roma na década de 1990 (FAO CA web site, 2004). Os dados sobre a cobertura e a situação atual da AC no Bangladesh são escassos. No entanto, apresentam-se aqui algumas iniciativas e trabalhos de diferentes fontes para se ter uma ideia das actividades de AC existentes no Bangladesh. Possivelmente, o trabalho de pesquisa e desenvolvimento sobre lavoura de conservação foi iniciado em nome da Tecnologia de Conservação de Recursos (RCT). Semeadores operados por motocultivadores foram importados da China, para semear trigo sem lavrar o solo imediatamente após a colheita do arroz de monção. Cerca de 800 ha foram semeados com semeadoras de mobilização mínima em 2003-04. O desempenho do semeador foi muito bom e 50 ha de superfície foram cultivados com esta tecnologia. Em 2003-04, 10 ha de área foram cultivados com semeador de plantio direto. (Roy et al 2004)

No Bangladesh, o Centro Australiano para a Agricultura Internacional (ACIRA) é pioneiro na promoção da AC e está a financiar diferentes organizações. A International Development Enterprise iDE está a implementar um projeto apoiado pela ACIAR, "Superar os constrangimentos agronómicos e de mecanização para o desenvolvimento e adoção da agricultura de conservação em culturas diversificadas à base de arroz no Bangladesh".

Bangladesh" (2012-2016) foi desenvolvido para demonstrar e comercializar de forma sustentável tecnologias e práticas de AC para pequenos agricultores em Rajshahi; Mymensingh; Faridpur e Dinajpur. Em Gadagari, Rajshai, Bangladesh, foi realizada uma experiência para avaliar a plantadeira e o sistema de plantio apropriados mostrados na tabela (Tabela 3) e chegou-se à conclusão de que a lavoura em faixas é a melhor opção para o arroz cultivado por ZT. (Islam et al 2013). Esta experiência abre a possibilidade de expansão das práticas de CA para o arroz em solos de alto Barind.

Avaliação da sementeira direta de arroz sob práticas de mobilização mínima

Quadro: 2, Rendimento de grãos e palha

Tratamento	Rendimento de grãos (t ha-1)		Rendimento em palha (t ha-)[1]	
	Aus	Aman	Aus	Aman
Lavoura convencional	3.12	3.35	3.37	3.62
Lavoura em faixas	3.03	3.65	3.03	3.77
Plantação de canteiros	2.46	2.86	2.79	2.83
Lavoura zero	2.67	3.46	2.59	3.61
CV(%)	17.4	9.3	33.8	13.2
LSD0.05	NS	NS	NS	NS

N.B. Os valores são as médias de três réplicas.

A sementeira direta de arroz (DSR) é praticada em muitos locais por diferentes organizações e os agricultores equiparam o semeador com um trator de 2 rodas, como se pode ver abaixo:

Fig: 3, Semeadura Direta de Arroz (DSR) e arroz DSR no campo (Foto: Cortesia IRRI-CSISA 2010)

Na região noroeste do Bangladesh, o CIMMYT desenvolveu a Plantadora Versátil de Múltiplas Culturas (VMP), uma esperança para mitigar a seca com equipamento de AC. Os resultados iniciais indicam que a VMP pode ser usada em vários modos para o estabelecimento de culturas de arroz, ou seja, lavoura em faixas, lavoura mínima, formação de leitos e lavoura convencional. Independentemente da forma de tratamento de lavoura CA, cerca de 41-43 % menos água foi necessária em comparação com um sistema de lavoura convencional. O menor consumo de água foi necessário nas camas formadas pelo tratamento shaper (614 mm). O consumo de combustível teve uma variação significativa entre os tratamentos, com 65 % menos combustível necessário nos tratamentos de lavoura em faixas por PMV. (Islam et al 2010)

Fig: 4 VMP (Versatile Multiple Crop-Planter) em funcionamento no campo.

(Foto cedida pelo CIMMYT BD 2010)

Outro projeto, **"Intensificação de Sistemas Agrícolas Sustentáveis e Resilientes (SRFSI)"** para o Sul da Ásia, um projeto de R4D agrícola financiado pelo ACIAR, centra-se em práticas de gestão agrícola baseadas nos princípios da agricultura de conservação (CA) e na utilização eficiente dos recursos hídricos. O projeto proporcionará uma base para aumentar a produtividade e a resiliência das culturas dos pequenos agricultores e utilizará inovações institucionais que reforçam a capacidade de adaptação e ligam os agricultores aos mercados e aos serviços de apoio. As actividades do projeto, com a duração de quatro anos, estão a ser implementadas em parceria com instituições nacionais de investigação e desenvolvimento,

ONG e ONGI, institutos de CG, universidades australianas e a CSIRO. O SRFSI terá como objetivo a investigação de sistemas baseados no arroz em oito distritos dos três países (Índia, Nepal e Bangladesh). (BSS 2014)

Projeto de Mecanização e Irrigação da CSISA: A CSISA-MI é uma iniciativa irmã do programa CSISA-Bangladesh, que liga o CIMMYT, o IRRI e a WorldFish como parceiros no trabalho sobre AC. A iniciativa MI tem como objetivo desbloquear a produtividade agrícola no sul do Bangladesh através da realização de investigação e desenvolvimento de mercado para aumentar a disponibilidade e a adoção de equipamento de irrigação que conserve os recursos, e para aumentar a escala das máquinas agrícolas para responder à escassez de mão de obra rural e aos custos elevados, ao mesmo tempo que incentiva práticas de gestão de culturas baseadas na agricultura de conservação (CA) (Krupnik 2013).

Intensificação dos Sistemas de Cereais no Sul da Ásia CSISA: O CSISA, um projeto financiado pelo BMGF e pela USAID, implementado conjuntamente pelo IRRI e pelo CIMMYT, também trabalhou em tecnologia de AC, em Narayangonj, no Bangladesh, a sementeira direta de arroz Boro (*Oryza sativa*) + mostarda (*Brassica campestris*), uma prática inovadora de AC explorada pelos agricultores. A maior parte dos agricultores está a praticar a sementeira direta de arroz Boro + mostarda (cultivar local de baixo rendimento) em culturas mistas pelo método de difusão com práticas tradicionais de gestão das culturas. No âmbito do projeto CSISA, o programa de entrega tem como objetivo validar e afinar as inovações dos agricultores antes da sua adoção e da sua expansão efectiva em áreas mais vastas. (Ali MA et al 2011). A intervenção da CSISA ajudou o agricultor a obter mais lucro (Quadro 4), que foi validado e alargado a Manikjong para aumentar a escala.

Tabela: 3, Desempenho agro-económico dos sistemas Boro arroz + Mostarda durante 2010-11.

Localizações	Rendimento de grãos (t ha-1)				Custo de cultivo (US$ ha-1)	Rendimento líquido dos agricultores
	Parcela intervencionada		Prática dos agricultores			
	Boro	Mostarda	Boro	Mostarda		
Narayangon j	6.45	2.35	5.1	0.95	989	1216
Manikgonj	6.00	1.9	7.0	0.80	989	372

Arroz Boro+Mostarda Mostarda cultivada com arroz Boro Boro na fase de colheita

Fig: 5, Cultivo de arroz Boro + mostarda, uma prática inovadora do agricultor.

(Foto: Cortesia IRRI CSISA 2011)

Outra iniciativa da CSISA sobre a AC foi adoptada no norte do Bangladesh para avaliar a maquinaria de desempenho. (Mozid et al 2010) A validação e o aperfeiçoamento na exploração dos sistemas de gestão baseados na agricultura de conservação (AC) no Bangladesh permitem reduzir os custos de produção e aumentar a rentabilidade. (Quadro 5) Para o efeito, foram realizadas experiências na região de Dinajpur, no Noroeste do Bangladesh, para avaliar o desempenho do arroz seco de sementeira direta (DSR) na estação Aman (monção), seguido da sementeira de trigo em linha utilizando um roto-cultivador/semeador de passagem única na estação de inverno e, em seguida, da sementeira de juta com mobilização zero.

Sistemas de cultivo de arroz-trigo-juta baseados na agricultura de conservação em

Bangladesh

Tabela: 4, Rendimento líquido em duplo reduzido até seco DSR-trigo e ZT Juta em

Mominpur, Rangpur, CSISA Centro de Dinajpur 2009-10

Técnica/Método	Cultura	Variedades	Rendimento (t/ha)	Rendimento Equivalente do Arroz (t/ha)	Rendimento total (Taka/ha)	Custo de produção (Taka/ha)	Rendimento líquido* (Taka/ha)
DSR seco por 2WTOS (PTOS)	Arroz	BRRI dhan33	2.666	2.666	35657	22533	13124
Trigo semeado por 2WTOS (PTOS)	Trigo	Prodip	4.347	5.260	78899	36951	41948
ZT by Mini 4WTO ZTMCP (6 dentes)	Tossa Juta	O-72	2.195	5.622	84334	50662	33672
Total			9.208	13.548	198890	110146	88744

Um trator de rodas de reboque equipado com semeador

Fig. 6: Um trator de duas rodas está em funcionamento no campo

(Foto: Cortesia IRRI CSISA 2011)

7. O que é que a Agricultura de Conservação pode alcançar?

Vantagens para o agricultor:

Subsistência do agricultor
- menos custos de maquinaria
- 70% de poupança de combustível
- 50% de poupança de mão de obra
- 20-50 % de poupança de energia
- menos trabalho pesado
- rendimentos estáveis, segurança alimentar
= melhores meios de subsistência/rendimentos (FAO 2011)

Os 10 principais benefícios da lavoura de conservação:

Os sistemas de lavoura de conservação oferecem inúmeros benefícios que a lavoura intensiva ou convencional simplesmente não consegue igualar:

1. **Reduz a mão de obra, poupa tempo: Apenas** uma viagem para plantar em comparação com duas ou mais operações de lavoura significa menos horas num trator e menos horas de trabalho para pagar ou mais hectares para cultivar. Por exemplo, em 500 acres, a economia de tempo pode chegar a 225 horas por ano. Isso equivale a quase quatro semanas de 60 horas.

2. **Poupa combustível: Poupa** em média 3,5 galões por acre ou 1.750 galões numa quinta de 500 acres.

3. **Reduz o desgaste da maquinaria:** Menos viagens poupam cerca de $5 por acre em custos de desgaste e manutenção de maquinaria - uma poupança de $2.500 numa quinta de 500 acres.

4. **Melhora a inclinação do solo:** Um sistema de plantio direto contínuo aumenta a agregação das partículas do solo (pequenos torrões de terra), facilitando o estabelecimento

de raízes pelas plantas.

A melhoria da fertilidade do solo também pode minimizar a compactação. Naturalmente, a compactação também é reduzida através da diminuição das deslocações no campo.

5. **Aumenta a matéria orgânica:** A investigação mais recente mostra que quanto mais o solo é lavrado, mais carbono é libertado para o ar e menos carbono está disponível para construir matéria orgânica para futuras culturas. De facto, o carbono representa cerca de metade da matéria orgânica.

6. **Retém a humidade do solo para melhorar a disponibilidade de água:** A manutenção dos resíduos de culturas à superfície retém a água no solo, proporcionando sombra. A sombra reduz a evaporação da água. Além disso, os resíduos actuam como pequenas barragens que retardam o escoamento e aumentam a oportunidade de a água ser absorvida pelo solo.

7. **Reduz a erosão do solo**: Os resíduos de culturas na superfície do solo reduzem a erosão pela água e pelo vento. Dependendo da quantidade de resíduos presentes, a erosão do solo pode ser reduzida em até 90% em comparação com um campo não protegido e intensamente cultivado.

8. **Melhora a qualidade da água:** Os resíduos de culturas ajudam a reter o solo juntamente com os nutrientes associados (particularmente o fósforo) e os pesticidas no campo para reduzir o escoamento para as águas superficiais. De facto, os resíduos podem reduzir para metade as taxas de escoamento de herbicidas. Além disso, os micróbios que vivem em solos ricos em carbono degradam rapidamente os pesticidas e utilizam os nutrientes para proteger a qualidade das águas subterrâneas.

9. **Aumenta a vida selvagem**: Os resíduos de culturas fornecem abrigo e alimento para

a vida selvagem, como aves de caça e pequenos animais.

10. **Melhora a qualidade do ar:** Os resíduos de culturas deixados à superfície melhoram a qualidade do ar porque: Reduz a erosão eólica, reduzindo assim a quantidade de poeira no ar; Reduz as emissões de combustíveis fósseis dos tractores, fazendo menos viagens através do campo; e Reduz a libertação de dióxido de carbono na atmosfera, amarrando mais carbono na matéria orgânica. (Centro de Informação sobre Tecnologias de Conservação, 2014)

8. Práticas de Agricultura de Conservação (AC).

Plantio direto ou lavoura mínima: Praticar uma perturbação mecânica mínima do solo, essencial para manter os minerais no solo, parar a erosão e evitar a perda de água no solo.

No passado, a agricultura considerava a mobilização do solo como um processo principal na introdução de novas culturas numa área.

Acreditava-se que lavrar o solo aumentaria a fertilidade do solo através da mineralização que ocorre no solo. Atualmente, a lavoura é vista como uma forma de destruir a matéria orgânica que pode ser fornecida pela cobertura do solo. A agricultura de plantio direto se tornou um processo que pode salvar os níveis orgânicos do solo por um longo período de tempo e ainda permitir que o solo seja produtivo por períodos mais longos (FAO 2007). Os produtores podem economizar de 30% a 40% de tempo e mão de obra ao praticarem o processo de plantio direto. (FAO 2011)

Fig: 7, Cultura com lavoura mínima

Prática de plantio direto: A mobilização zero é uma prática de gestão fundamental que promove a retenção do restolho das culturas em pousios mais longos não planeados quando as culturas não podem ser plantadas. Estas práticas de gestão, que conseguem reter uma cobertura adequada do solo nas áreas em pousio, acabam por reduzir a perda de solo. Foi necessária menos irrigação com o trigo de plantio direto, especialmente na primeira aplicação de irrigação. Em muitos casos, os agricultores plantaram diretamente após a sua colheita de

arroz com plantio direto, não aplicando qualquer irrigação de plantio pré que é normalmente

necessária para a lavoura convencional. A economia de água foi calculada em 10-18% com o

plantio direto em relação ao convencional (RWC 2004).

Fig: 8, Campo de trigo de plantio direto

Lavoura em faixas: Os agricultores do Bangladesh estão a mostrar o caminho, plantando

em cobertura vegetal e utilizando máquinas simples que lavram apenas uma pequena linha

nos seus campos, na qual as sementes e os fertilizantes são lançados ao mesmo tempo. Estas

práticas fáceis de implementar conservam a preciosa humidade do solo e melhoram o seu

investimento em fertilizantes. (Krupnik 2011). O rendimento do arroz foi mais elevado com

a lavoura em faixas do que com a lavoura convencional (Islam et al 2012) no final de duas

épocas de cultivo Aus e Aman. O total de grãos com lavoura em faixas foi de 6,67 ton h^{-1}

por outro lado com a prática de lavoura convencional foi de 6,47 ton h^{-1} (Tabela 3)

Fig: 9, Prática de lavoura em faixas no campo.
(Foto: Cortesia do projeto IDE 2012)

Plantação em canteiros: Os agricultores do Bangladesh estão a resolver o problema dos elevados custos de irrigação e da escassez de água - literalmente. Utilizando a técnica simples e eficaz de plantar as suas culturas de arroz, trigo, milho e leguminosas em canteiros elevados, os agricultores estão a obter mais colheitas por gota e a reduzir as necessidades de irrigação até 40%. (Krupnik 2011)

Fig: 10, Plantação de camas no campo

Retenção de resíduos de culturas: Os resíduos das culturas são mantidos

no campo após a colheita. Se as práticas de AC estiverem a ser feitas durante muitos anos e se for acumulada matéria orgânica suficiente à superfície, começa a formar-se uma camada de cobertura vegetal. Esta camada ajudaria a evitar que a erosão do solo tivesse lugar e arruinasse o perfil ou a disposição do solo. A cobertura vegetal ajuda a promover agregados de solo mais estáveis, em resultado de uma maior atividade microbiana e de uma melhor proteção da superfície do solo. (Quadro 6) apresenta dados de um ensaio de milho de 10 anos que mostra que a estabilidade dos agregados aumentou com a utilização de mais cobertura morta. Curiosamente, o espaço poroso cheio de água aumentou apenas com uma aplicação normal de cobertura morta, e os resíduos adicionais não aumentaram este valor.

Fig: 11, Cultura plantada com resíduos de culturas

Tabela 5. Efeito da remoção e retenção de resíduos, com uma aplicação simples e dupla, nas propriedades do solo num ensaio de milho de 10 anos. (D.L. Karlen et al. 1994)

Tratamento de resíduos	Estabilidade dos agregados húmidos	Total-C nos agregados	Espaço poroso preenchido com água
Remoção	41.9	16	76.9
Palha	45.9	24	86.5
O dobro da cobertura vegetal	60.0	40	88.0
LSD	11.5	6	NS

Rotação de culturas: De acordo com um artigo publicado nas Physiological Transactions of the Royal Society, intitulado "O papel da agricultura de conservação e da agricultura sustentável", a rotação de culturas pode ser utilizada melhor como um "controlo de doenças" contra outras culturas preferidas (Hobbs et al. 2007). Este processo não permitirá que pragas como insectos e ervas daninhas sejam colocadas numa rotação com culturas específicas. As culturas de rotação actuarão como um inseticida e herbicida natural contra culturas específicas. Não permitir que os insectos ou as ervas daninhas estabeleçam um padrão dentro dos campos ajudará a eliminar problemas de redução de rendimento e infestações dentro dos campos (FAO 2007). A rotação de culturas também pode ajudar a construir uma infraestrutura de solos. O estabelecimento de culturas numa rotação permite uma extensa acumulação de zonas de enraizamento que permitirão uma melhor infiltração de água (Hobbs et al. 2007). No sul do Bangladesh: Apesar do aumento dos custos de combustível e de irrigação, bem como da salinidade do solo que prejudica as culturas, os agricultores inovadores do Bangladesh estão a conservar a humidade do solo e a ultrapassar a salinidade com a agricultura de conservação. Ao não lavrarem totalmente os seus campos, ao utilizarem maquinaria adequada para semearem as suas culturas em linhas sob uma camada de cobertura vegetal que conserva a água e ao fazerem uma rotação entre culturas rentáveis, os agricultores estão a vencer as probabilidades de obterem rendimentos rentáveis de milho, trigo e leguminosas (Krupnik 2013).

Fig: 12 Prática de rotação de culturas no campo.

Diversificação das espécies vegetais cultivadas em sequências e/ou associações:

Diversificação das espécies vegetais cultivadas em sequências e/ou associações: A rotação/associação deve envolver pelo menos 3 culturas diferentes. Diversificar as rotações, sequências e associações de culturas, adaptadas às condições ambientais locais, e incluir leguminosas fixadoras de azoto adequadas; estas rotações contribuem para manter a biodiversidade no solo e à superfície, contribuem com azoto para o sistema solo/planta e ajudam a evitar a acumulação de populações de pragas.

Fig: 13, Recorte em sequências e ou associações de relé no terreno.

9. Alguns equipamentos para a Agricultura de Conservação

1. Semeador acionado por motocultivador (PTOS):

Trata-se de uma máquina popular no Bangladesh, equipada com um trator de duas

rodas. O trator de duas rodas ou o motocultivador é normalmente utilizado para arar a terra

no Bangladesh, pelo que o agricultor não precisa de o comprar para instalar o equipamento

CA para a prática da CA.

Fig: 14, Um trator de duas rodas com semeador.

2. Plantador Versátil de Múltiplas Culturas (VMP): O CIMMYT

Bangladesh desenvolveu o Plantador Versátil de Múltiplas Culturas (VMP) para

mitigar a seca com equipamento de AC. Os resultados iniciais indicam que o

VMP pode ser utilizado em vários modos para o estabelecimento de culturas de

arroz, ou seja, lavoura em faixas, lavoura mínima, formação de leitos e lavoura

convencional.

Fig: 15, Uma Planta de Cultivo Multpile Versitile

(Foto: Cortesia do Projeto IDE)

3. Semeador chinês: O semeador chinês está a ser utilizado no Bangladesh há muito tempo. É adequado para ser instalado num trator de duas rodas. O semeador está a ser modificado para a sementeira de diferentes culturas.

Fig: 16, Semeador chinês

4. Máquina de lavoura em faixas: Os agricultores do Bangladesh
estão a mostrar o caminho, plantando em cobertura vegetal e utilizando
máquinas simples que lavram apenas uma pequena linha nos seus campos, na
qual as sementes e os fertilizantes são lançados ao mesmo tempo. Estas práticas
fáceis de implementar conservam a preciosa humidade do solo e melhoram o
seu investimento em fertilizantes. A máquina está equipada com um trator de
duas rodas.

Fig: 17, Máquina de desengace montada num trator de duas rodas

5. Plantador de camas: Os agricultores do Bangladesh estão a resolver o problema dos elevados custos de irrigação e da escassez de água - literalmente. Utilizando a técnica simples e eficaz de plantar as suas culturas de arroz, trigo, milho e leguminosas em canteiros elevados, os agricultores estão a obter mais colheitas por gota e a reduzir as necessidades de irrigação até 40 por cento com o plantador de canteiros. Os canteiros elevados são formados encaixando o formador de canteiros na parte de trás de um trator de duas rodas.

FiG: 18, Cama com formador de cama equipado com trator de duas rodas

6. Plantadora de plantio direto:

A mobilização zero é uma prática de gestão fundamental que promove a retenção do restolho das culturas em pousios mais longos não planeados, quando as culturas não podem ser plantadas. Estas práticas de gestão, que conseguem manter uma cobertura adequada do solo nas zonas em pousio, acabam por reduzir a perda de solo. Atualmente, na Índia, esta máquina está equipada com um trator de quatro rodas para a sementeira.

Fig: 19, Plantador de plantio direto

7. Plantador múltiplo de plantio direto:

A semeadora múltipla de plantio direto é muito popular na Índia. Esta é

utilizado para a plantação de diferentes culturas com poucas alterações. Este

A semeadora está equipada com um trator de quatro rodas. O

Fig: 20, semeador múltiplo de plantio direto montado no trator

8. Semeador múltiplo de plantio direto: Trata-se de uma máquina muito popular na Índia, montada num trator. A máquina pode ser utilizada para plantar sementes de diferentes culturas.

Fig: 21, Plantação múltipla de plantio direto

9. Anteparo de cama:

Este tipo de formador de camas é utilizado para terrenos de grandes dimensões equipados com rodas de 4 rodas

Trator para a formação de camas.

Fig: 22, formador de cama montado num trator de 4 rodas.

10. Principais razões apontadas para a fraca adaptação das AC no Bangladesh

1. **Conhecimentos limitados sobre a agricultura de conservação: O** conhecimento adequado dos conceitos de agricultura de conservação é inevitável, uma vez que o solo é o habitat das raízes e dos organismos do solo e qualquer dano a este habitat põe em perigo a fertilidade do solo e conduz à degradação das terras. No entanto, no Bangladesh, há uma lacuna de conhecimentos sobre a agricultura de conservação entre os responsáveis pela sua conceção, os organismos de extensão, os cientistas, os decisores políticos e a população em geral.

2. **Constrangimentos técnicos:** Os constrangimentos técnicos estão relacionados com o funcionamento ou a parte técnica do hardware (maquinaria), como a indisponibilidade de brocas de qualidade (Roy et al 2004, Mozid 2010, Islam et al 2013), a falta de controlo regular das máquinas, a falta de formação/capacitação e a falta de peças sobressalentes disponíveis localmente e a falta de fabricantes locais de máquinas.

3. **Disponibilidade de herbicidas adequados:** O controlo das ervas daninhas é um problema importante para a cultura do arroz de sequeiro. Os herbicidas são considerados uma alternativa/suplemento à monda manual (Singh et al 2006). No Bangladesh Entre o estabelecimento da cultura, o rendimento de grãos de arroz foi mais elevado no DSR semeado após o plantio direto e com uma aplicação de herbicida, seguido de uma capina manual. (Timsina 2010). No Bangladesh, os herbicidas adequados e o conhecimento da sua aplicação são limitados entre a comunidade agrícola.

4. **Limitações da extensão**: No Bangladesh, o trabalho de extensão agrícola é efectuado por um departamento governamental muito forte, o Departamento de Extensão Agrícola (DAE), com trabalhadores a nível de bloco. O bloco é uma plataforma a nível de raiz que consiste em algumas aldeias para trabalhar com os agricultores à sua porta. Os funcionários de nível mais baixo têm um diploma de 4 anos em agricultura e há muitos funcionários com doutoramento. No entanto, ninguém sabe se existe algum trabalho em nome da CA no DAE.

5. **Falta de políticas governamentais:** No Bangladesh, o Ministério do Ambiente e das Florestas tem políticas e legislação em matéria de poluição dos recursos naturais - água, ar, solo, etc. No entanto, não existe legislação em matéria de conservação da agricultura para salvar o solo da degradação.

6. **Restrições financeiras:** Para sustentar o atual crescimento da agricultura, é necessária uma enorme quantidade de dinheiro para iniciar um projeto de AC, mas esse dinheiro não existe no orçamento do governo. Além disso, apenas alguns doadores se apresentaram para investir na AC no Bangladesh.

7. **Atitude das massas populares:** A atitude dos agricultores e das pessoas comuns é a de que o bom até à colheita é bom. Devido à ignorância e à falta de conhecimentos, a atitude em relação à AC continua a ser incorrecta.

11. Recomendações para ultrapassar os constrangimentos à adoção da agricultura de conservação

1. **Sensibilização**: A sensibilização para a AC deve envolver os agricultores, investigadores, agências de extensão, sociedades civis, professores, meios de comunicação social, etc., de que a Agricultura de Conservação é a conservação do ambiente.

2. **Elaboração de políticas governamentais:** Deveria haver uma política de conservação da agricultura e, para o efeito, o Ministério do Ambiente e das Florestas e o Ministério da Agricultura deveriam criar lugares de Secretário-Adjunto para a Agricultura de Conservação, para se ocuparem desta questão. Do mesmo modo, o Departamento da Agricultura e o Departamento do Ambiente devem criar lugares de diretor-adjunto (CA).

3. **Ensino sobre agricultura de conservação:** Devem ser introduzidos departamentos de agricultura de conservação nas universidades de agricultura e nas faculdades de estudos ambientais das outras universidades do Bangladesh, incluindo os institutos que fornecem diplomas de agricultura. Além disso, deve ser ministrada formação em matéria de agricultura de conservação aos agricultores e aos agentes envolvidos na agricultura e no trabalho relacionado com o ambiente.

4. **Incorporação da AC no Sistema Nacional de Investigação e Extensão Agrícola (NARES): O** Departamento de Extensão Agrícola tem como principal objetivo a transferência de tecnologias agrícolas para os agricultores. Por conseguinte, o pessoal de extensão deve ser educado e formado e deve dispor de tecnologias específicas para transferir para os agricultores sobre as AC. Da mesma forma, as organizações de investigação agrícola devem efetuar investigação de acordo com as necessidades dos

agricultores em matéria de AC.

5. **Legislação sobre agricultura de conservação:** Deveria existir legislação sobre a agricultura de conservação, por exemplo, a queima de resíduos de culturas, a agricultura de corte e queima nas zonas montanhosas do Bangladesh, a publicidade que incentiva os agricultores a comprarem arados profundos, rotavadores ou outras acções que são contrárias à agricultura de conservação.

6. **Disponibilidade de equipamento e herbicidas:** O equipamento CA adequado para a sementeira/plantação de culturas deve ser disponibilizado à porta do agricultor. Devem ser tomadas medidas por parte do Governo, das ONG ou dos sectores privados para colocar a máquina ou o serviço à disposição do agricultor. Do mesmo modo, os herbicidas adequados para a AC são escassos e devem ser disponibilizados.

7. **Apoio dos doadores internacionais:** Apenas alguns doadores se aperceberam da importância da extensão das práticas de AC no Bangladesh. Mais doadores deveriam avançar para a expansão da AC no Bangladesh, a fim de sustentar o crescimento da produção agrícola.

8. **Formação de uma organização voluntária para as AC:** Deve ser formada uma organização voluntária para uma campanha alargada, juntamente com os meios de comunicação social, para sensibilizar as pessoas para os benefícios e os danos das AC, à semelhança da campanha sobre a proteção do ambiente.

O fim

12. Referências

Ali M. Akkas , Mondal N U e Mazid MA, Iniciativa de Sistemas de Cereais para o Sul da Ásia (CSISA), Projeto IRRI-CIMMYT, Gazipur Hub, campus BSRI, Gazipur, Bangladesh; alim.akkas@yahoo.com,Recogmzmg inovação dos agricultores de sistemas de cultivo mistos de arroz Boro + Mostarda com sementeira direta e intervenção baseada na agricultura de conservação para melhoria. Poster para 5th Congresso Mundial de Agricultura de Conservação, Brisbane, Austrália, 26-30 de setembro de 2011

Bangladesh Sangbad Shangstha BSS ,2014 Rangpur

Conservation Technology Information Center, 2014, 3495, Kent Avenue, Suite J 100, West Lafayetta, Indiana, EUA. http://www.ctic.purdue.edu/resourcedisplay/293/

Derpsch, R. e Friedrich, T. (2009) Panorama global da adoção da Agricultura de Conservação.

Comunicação convidada, 4º Congresso Mundial sobre Agricultura de Conservação: Inovações para melhorar a eficiência, a equidade e o ambiente, 4-7 de fevereiro. Nova Deli: ICAR. Na WWW em http://www.fao.org/ag/ca.

FAO 2007, http://www.fao.org/ag/ca

Friedrich T, Derpsch R, Kassam A, 2011, Global overview of the spread of Conservation Agriculturahttp://aciar.gov.au/files/node/13993/global_overview_of_the_spr ead_of_conservation_agri_71883.pdf

Harrington LW, Hopps PR 2009, The Rice-Wheat Consortium and the Asian Development Banco: uma história. In: Ladha JK et al, editores. Integrated Crop and Resource Management in the Rice-Wheat System of South Asia, livro publicado pelo

IRRI, ISBN 978-971-0247-6,38p.

Haoliang Xu, administrador adjunto e diretor do Gabinete Regional para a Ásia e a Ásia Central

Pacífico do Programa das Nações Unidas para o Desenvolvimento (PNUD) Daily Star, Terça-feira, 27 de maio de 2014

Hobbs PR, Ken Sayre K , Raj Gupta R 2007, The role of conservation agriculture in sustainable

agricultura, Philosophical Transactions, The Royal Society of Biological

Ciências Phil. Trans. R. Soc. B (2008) 363, 543-555 doi:10.1098/rstb.2007.2169 Publicado online em 24 de julho de 2007

Hobbs P, Raj Gupta R, e Meisner C , 2004, Conservation Agriculture and Its Applications in

South Asia, Cornell University, EUA; Rice-Wheat Consortium for the Indo-Gangetic Plains, Índia; e International Center for Improvement of Wheat and Maize (CIMMYT), Bangladesh

Hoque ME , 2012, Making Markets Work for Conservation Agriculture (20122016) Promoting

agricultura de conservação para as culturas à base de arroz no Bangladesh http://ide-bangladesh.org/ide-cp/images/documents/ACIAR.pdf

Islam AKMS, Hossain MM, Saleque MA, 2013, Avaliação da plantadora de arroz de sementeira direta sob

Práticas de Lavoura Mínima, *Os Agricultores 11(2): 87-95 (2013)* ISSN 2304-7321 (Online), ISSN 1729-5211 (Impresso),Uma revista científica da Fundação Krishi Revista indexada

Islam AKMS, Haque ME, Hossain MM, MA Saleque MA e RW Bell RW Água e combustível

Tecnologias de poupança: Cama não encharcada e lavoura em faixas para o cultivo de arroz na estação húmida no Bangladesh © 2010 19th World Congress of Soil Science, Soil Solutions for a Changing World

1 - 6 de agosto de 2010, Brisbane, Austrália. Publicado em DVD

Karim, Z e Iqbal, M.A. (ed.) (2000) *Impact of Land Degradation in Bangladesh: Changing Cenário na utilização de terras agrícolas*, Bangladesh

ResearchCouncil, Dhaka, Bangladesh, (no prelo).

Krupnik, TJ 2011, Agrónomo de Sistemas, CIMMYT, Bangladesh, Líder do Projeto CSISA-MI,

BP_Handbill_final_14 Oct.jpg, (2011) Programa Global de Agricultura de Conservação.

Krupnik,TJ,2013, http://blog.cimmyt.org/cereal-systems-initiatives-for-south-asia-mecanização-e-irrigação-projeto-lançado/

Karlenn, D.L., N.C. Wollenhaupt, D.C. Erbach. E.C. Berry, J.B. Swan, N.S. Eash, e J.L. Jordahl. 1994, Efeitos do resíduo da cultura na qualidade do solo após 10 anos de plantio direto de milho

Soil Tillage Research 31: 149-67.

Kassam A H, Friedrich T, Derpsch R 2010 Conservation Agriculture in the 21st Century (Agricultura de Conservação no Século XXI): A

Paradigma da Agricultura Sustentável. Comunicação convidada no Congresso Europeu de Agricultura de Conservação, outubro de 2010, Madrid, Espanha

Kassam, A.H., Friedrich, T., Shaxson, F. e Pretty, J. (2010) The spread of Conservation Agriculture: requirements for spread. International Journal for Agricultural Sustainability (a publicar)

Mahbub A. 2003. Perda de terras agrícolas e segurança alimentar: An assessment. IRRI, Manila, Filipinas.

Mazid MA 2010, Chapter- 9 Conservation agriculture in northwestern Bangladesh: A review of Soil tillage, crop establishment methods, and cropping systems, Compendium of deliverable of the conservation agriculture course 2010, por Bram Govaerts e Francesca Vaghi, CIMMYT.

Mazid MA, ,Haque MA, Bari ML, Ali MA, McDonald A 2010, Conservation Agriculture-based rice-wheat-jute cropping systems in Bangladesh Cereal Systems Initiatives for South Asia (CSISA), STI Campus, WRC, Nashipur, Dinajpur-5200, Bangladesh. http://aciar.gov.au/files/node/14068/conservation_agriculture_based_rice_w heat_jute_cro_62132.pdf

Mazid M. A., M. A. Haque, D.E. Johnson e A. Ismail. 2009. Crop establishment methods, weed control options, variety, crop diversification and monga mitigation in North-West Bangladesh *in* ABSTRACTS Section I of Twenty-first Bangladesh Science Conference organized by BAAS (Bangladesh Association for the Advancement of Science) held at BARI (Bangladesh Agricultural Research Institute), Gazipur 18-20 February 2009 Rice-Wheat Consortium (RWC) 2004, web site -- http://www.rwc-prism.cgiar.org/rwc

Rolf Derpsh, Consultor e Theodor Friedrich, FAO Panorama Global da Conservação Agriculture,Adoption.rolf.derpsch@tigo.com.py;Theodor.Friedrich@fao.org http://www.fao.org/ag/ca/doc/derpsch-friedrich-global-overview-ca- adopção3.pdf

Rebecca Hansen Representante no país do Programa das Nações Unidas para o Desenvolvimento (PNUD) no Bangladesh, sábado, 17 de julho de 2010, Bss, Dhaka

Roy KC, Divisão de Engenharia de Processos de Maquinaria Agrícola e Pós-colheita, Bangladesh

Agricultural Research Institute, Gazipur, Bangladesh, E-mail: barifmpe@bttb.net.bd , Meisner CA CIMMYT Agronomist, House 18, Road 4, Sector 4, Uttara, Dhaka, Bangladesh, E-mail: c.meisner@cgiar.org> Haque ME,Programme Manager, CIMMYT, House 18, Road 4, Sector 4, Uttara, Dhaka, Bangladesh, Status of Conservation Tillage for Small Farming of Bangladesh ,Written for presentation at the 2004 CIGR International Conference- Beijing Sponsored by CIGR, CSAM and CSAE,Beijing, China 11- 14 October 2004

Singh S, Bhushan L, Ladha JK, Gupta RK, Rao AN, Sivaprasad B 2006, Weed Management in DSR (Oryza sativa L) cultivated on furrow irrigated raised bed planting system Crop Port. 25:487-495

Timsina J, Haque A, B.S. Chauhan D.E. Johnson DE,International Rice Research Institute (IRRI) Bangladesh Office, Dhaka, Bangladesh; Cereal Systems Initiative for South Asia (CSISA), Dinajpur, Bangladesh; 3IRRI, Los Banos, Filipinas Impacto dos métodos de lavoura e de estabelecimento do arroz no crescimento do arroz e das ervas daninhas na rotação arroz-milho-mungo no norte do Bangladesh Apresentado na 28ª Conferência Internacional de Investigação sobre o Arroz, 8-12 de novembro de 2010, Hanói, Vietname OP09: Pest, Disease, and Weed Management

Banco Mundial, Agricultura - valor acrescentado (crescimento anual em %) no Bangladesh Norma internacional

IndustrialClassification(ISIC),revision3.,http://www.tradingeconomics.com/ba ngladesh/agriculture-value- added-annual-percent-growth-wb-data.html

Banco Mundial, Agricultura na Ásia do Sul, Bangladesh: Prioridades para a agricultura e as zonas rurais

Desenvolvimento, http://go.worldbank.org/770VR4DIU0

Printed by Books on Demand GmbH, Norderstedt / Germany